Die Einführung der Reformation und der Union in der Jerusalemskirche.

Festschrift

zum Jubiläum der Reformation und der Union

im Auftrage der Gemeindekörperschaften
herausgegeben von

Lic. Dr. Otto Eissfeldt
Frühprediger an der Jerusalems- und Neuen Kirche
und Privatdozent an der Universität.

In Kommission bei Georg Reimer.

Berlin 1917.

Herrn Wirklichen Geheimen Oberkonsistorialrat Professor D. Dr. Kleinert zu seinem achtzigjährigen Geburtstag (25. September) in Ehrerbietung und Dankbarkeit dargebracht

vom Verfasser.

Vorwort.

Dies Büchlein möchte seinen Lesern zeigen, wie sich die großen Ereignisse der Reformation und der Union, deren 400- und 100 jährige Wiederkehr wir in diesem Jahre feiern, im Ergehen unserer Jerusalemskirche gespiegelt haben, und möchte ihnen so helfen, sich als Glieder und Freunde unserer Jerusalems-Gemeinde der durch die Reformation und die Union uns geschenkten Güter besonders innig zu freuen. Es will keine Geschichte der Jerusalemskirche sein, auch nicht ein Abriß dieser Geschichte. Nur die Anfänge unserer Kirche und einige andere Punkte, deren Kenntnis zum Verständnis des heutigen Zustandes unserer Gemeinde unerläßlich ist, sind etwas ausführlicher behandelt worden. Im übrigen beschränkt sich die Darstellung auf die Reformation und die Union.

Eine Geschichte der Jerusalemskirche steht noch aus. Unsere Schwesterkirche, die Neue Kirche, besitzt solch eine Geschichte in der Festschrift, die Pfarrer D. Dr. Kirmß zum zweihundertjährigen Jubiläum der Kirche im Jahre 1908 verfaßt hat, unter dem Titel: Die Geschichte der Neuen Kirche zu Berlin von 1708 bis 1908. Hier ist, wie das bei den engen Beziehungen, in denen die beiden Kirchen zu einander gestanden haben und noch stehen, nicht anders sein kann, auch mancher die Jerusalems-Gemeinde angehende Vorgang erwähnt. So mag, wer sich eingehender mit der Geschichte der Jerusalemskirche befassen will, einstweilen zu dieser Geschichte der Neuen Kirche greifen.

Dies Büchlein aber hat sich engere Grenzen gesteckt. Wenn es seinen Lesern eine Vorstellung davon gegeben, was unseren Vorfahren in unserer Stadt und in unserer Gemeinde die Reformation und die Union gewesen ist, und wenn es durch diesen geschichtlichen Rückblick in ihnen neue Freude an unserer Stadt und unserer Gemeinde und neue Liebe zu unserer evangelischen Kirche geweckt hat, dann ist sein Zweck erfüllt.

Inhalt.

1.

Die Anfänge der Jerusalemskirche.

Die Anfänge der Jerusalemskirche liegen im Dunkeln. Die gewöhnliche Annahme über ihr Alter und ihre Herkunft ist die, daß im Jahre 1484 ein begüterter Patrizier aus Berlin namens Müller zum Andenken an seine nach dem gelobten Lande unternommene Wallfahrt vor Kölln eine Kapelle errichtet, und diese dann den Namen Jerusalems-Kapelle erhalten habe. So steht es in den Büchern, die sich mit dem Gegenstand beschäftigen. Die Jerusalems-Gemeinde hat denn auch am 19. Oktober 1884 das 400 jährige Bestehen ihrer Kirche feierlich begangen. Das ist an dieser gangbaren Annahme sicher richtig, daß im Jahre 1484 die Jerusalems-Kapelle neu erbaut worden ist. Fraglich ist aber, ob die Kapelle damals erst gegründet worden ist, oder ob es sich um einen Wiederaufbau handelt und die Gründung der Kapelle weiter zurückliegt. Wahrscheinlich trifft das letztere zu. Die Urkunde nämlich, die den Bau der Kapelle für das Jahr 1484 bezeugt, redet davon, daß „nahe und außerhalb der Stadt Kölln an der Spree eine Kapelle aus den Fundamenten von neuem aufgeführt und Gott geweiht worden sei“*). Diese Worte werden doch wohl so verstanden werden müssen, daß es sich um den Wiederaufbau, nicht um die Neugründung, einer Kapelle handelt. Die Gründung der Kapelle hätte dann früher stattgefunden, ohne daß sich sagen ließe, wieviel früher.

Aber mag diese Vermutung zutreffen oder nicht, jedenfalls ist der 18. Oktober 1484 das erste sichere Datum in der Geschichte der Jerusalemskirche, und unsere Gemeinde hat daher ganz

*) Capellam quandam prope & extra civitatem Coloniensem apud sprevam .. a fundamentis noviter erectam et deo dicatam.

recht getan, wenn sie im Jahre 1884 das 400jährige Bestehen ihrer Kirche gefeiert hat. Dies Datum steht in einem Ablaßbrief, der, vom Bischof Arnold von Brandenburg im Verein mit anderen Bischöfen der neuerbauten Kapelle ausgestellt, ihren Besuchern und Wohltätern einen vierzigtägigen Ablaß zusichert. Der lateinisch abgefaßte Brief, aus dem oben schon ein paar Worte mitgeteilt wurden, lautet in deutscher Übersetzung so: „Arnold von Brandenburg, Johannes von Ratzeburg, Liborius von Lebus, Hermann von Samosata und Andreas von Natura, durch Gottes und des apostolischen Stuhles Gnade Bischöfe ihrer Kirchen, wünschen den gesamten und den einzelnen Gläubigen Christi, welche diesen unsern Brief sehen, lesen und hören werden, ewiges Heil in dem Herrn. Unser Streben ist immer besonders darauf gerichtet, daß alle Gläubigen zu Werken der Frömmigkeit und Liebe ermuntert werden. Da wir nun durch den edlen und fürstlichen Herrn Eitelfritz, Herrn und Grafen von Zollern, Verwesers der Herrschaft Crossen, Züllichau und Cottbus erfahren haben, daß nahe und außerhalb der Stadt Kölln an der Spree, in der Brandenburger Diöcese, eine Kapelle zu Ehren des allmächtigen Gottes und seiner ewig jungfräulichen Mutter Maria, des heiligen Kreuzes und der seligen Fabian und Sebastian aus den Fundamenten von neuem aufgeführt und Gott geweiht worden sei, und da wir wünschen, daß diese Kapelle in gebührender Verehrung und Achtung gehalten und von den Gläubigen Christi andächtig besucht werde: gewähren wir Bischöfe und jeder einzelne von uns, in dem Herrn barmherzig, allen und den einzelnen Gläubigen Christi, welche unter wahrer Reue, Beichte und Herzenszerknirschung die vorgenannte Kapelle um der Andacht und des Gebets willen an den einzelnen Hauptfesten des Jahres und an allen Festen der seligen Jungfrau Maria sowie der Auffindung und Erhöhung des heiligen Kreuzes und der einzelnen Patrone der Kapelle, am Tage aller Seelen und am Feste aller Heiligen, endlich am Tage ihrer Einweihung besuchen und Gott für uns und für den gesamten Zustand der Kirche, daß sie in Frieden und Einheit des Glaubens erhalten werde, und für das Heil und die Ruhe aller abgeschiedenen

Gläubigen andächtig anflehen, auch irgendwie zur Herstellung der Kapelle selbst oder ihrer Ausschmückung hilfreiche Hand leisten, so oft sie das Vorgenannte oder etwas davon erfüllen, auf Grund der Barmherzigkeit des allmächtigen Gottes nnd in Vollmacht seiner seligen Apostel Petrus und Paulus vierzig Tage Ablaß von den ihnen auferlegten Bußen, welcher in ewige künftige Zeiten dauern soll. Und wir Arnold, vorgenannter Bischof der Brandenburgischen Kirche, vollziehen dankbar den Ablaß und die Gnaden der vorher genannten Bischöfe und bestätigen diese, indem wir durch diesen Schutzbrief die Genehmigung erteilen. Zu dessen Beglaubigung und Zeugnis haben wir beschlossen, unser Siegel diesem Briefe anzuhängen. Gegeben zu Frankfurt in der vorgenannten Diöcese Lebus im Jahre des Herrn 1484, am Tage Lucae des Evangelisten*)".

Der Name Jerusalems-Kirche findet sich in diesem Ablaßbrief nicht. Vielleicht ist der Name damals noch nicht gebräuchlich gewesen, sondern erst später aufgekommen. 1540 erscheint er zum ersten Mal.

Auch von dem Gründer der Kapelle und dem Anlaß zu ihrer Gründung sagt der Ablaßbrief nichts. Das scheint die oben ausgesprochene Vermutung zu bestätigen, daß diese Urkunde sich auf den Wiederaufbau der Kapelle, nicht aber auf ihre Gründung bezieht. Denn im letzteren Falle hätte es doch sehr nahe gelegen, den Namen des Stifters und den Anlaß der Gründung zu nennen. So erwähnt also die älteste auf unsere Kirche sich beziehende Urkunde nichts über ihren Stifter. Die schon angeführte Überlieferung, daß ein Berliner Patrizier Müller zur Erinnerung an seine Wallfahrt nach Palästina die Kapelle gestiftet habe, und daß mit diesem ihrem Ursprung ihr Name Jerusalems-Kapelle zusammenhänge, ist uns erst sehr spät bezeugt, zuerst im Anfang des 18. Jahrhunderts. Trotzdem wird sie glaubwürdig sein. Der Name der Jerusalems-Kapelle erklärt sich in der Tat am einfachsten, wenn diese Überlieferung recht

*) 18. Oktober.

hat. Auch wird in einem aus dem Jahre 1728 stammenden Buche*) gesagt, daß die Familie des Müller noch bekannt sei.

Die Nachrichten über den Ursprung unserer Kirche sind also dürftig und lassen manche Frage offen. Immerhin dürfen und müssen wir versuchen, aus ihnen eine lebendige Anschauung von Lage, Gestalt und Zweck der kleinen Kapelle zu gewinnen. Sie lag auf freiem Felde, umgeben von Äckern und Gärten, etwa 1000 Meter von der Stadtmauer entfernt**). Regelmäßiger Gottesdienst konnte also keinesfalls hier gehalten werden; nur gelegentlich mag hier eine Messe gelesen worden sein. Im übrigen war sie der stillen Andacht der Besucher bestimmt, wie ja heute noch katholische Landschaften an solchen Kapellen reich sind. Die Lage vor den Toren der Stadt hat vielleicht noch einen besonderen Grund. In einer aus der ersten Hälfte des 18. Jahrhunderts stammenden Geschichte Berlins***), die viele wertvolle Nachrichten enthält und sich auch mit der Jerusalems-Kirche eingehend beschäftigt, wird von der Jerusalems-Kapelle gesagt: „Diese Kapelle war anfänglich sehr klein, und war in derselben das Grab Christi mit einigen Heiligen, aus Holz geschnitzt, zu sehen, welche Bilder nachher nebst dem Grabe weggenommen†)". Diese Nachricht paßt ausgezeichnet zu der Überlieferung, daß die Kapelle zur Erinnerung an eine Wallfahrt nach Palästina gebaut worden sei. Offenbar hat der Stifter eine von den Stätten, die er in Jerusalem geschaut hatte, das Grab Christi, nachbilden wollen. Solche Bauten waren damals nichts Seltenes. So hat man um die Wende des 15. und des 16. Jahrhunderts in Görlitz nicht nur das Grab Christi, sondern auch den ganzen Leidensweg mit seinen einzelnen Stationen nachgebildet††).

*) Collectio opusculorum historiam Marchicam illustrantium. 5. Stück, Berlin 1728, S. 68 f.

**) Vgl. den ältesten Plan von Berlin von J. Gr. Memhardt um 1650.

***) Küster, Altes und Neues Berlin. Berlin 1737 ff.

†) Teil II, S. 632.

††) Vgl. Dalman, die Kapelle zum Heiligen Kreuz und das Heilige Grab in Görlitz und in Jerusalem. Kommissionsverlag der Görlitzer Nachrichten 1916.

Die Grabkapelle in Görlitz gibt deutlich in ihrer ganzen Bauart das heilige Grab in Jerusalem wieder, unsere Kapelle dagegen hat sich offenbar ihrer äußeren Erscheinung nach von anderen Kapellen nicht unterschieden; sie barg nur im Innern eine Abbildung des Grabes Christi. Beide Anlagen aber haben das gemein, daß sie das heilige Grab gleichsam in die deutsche Heimat verlegen und es so auch dem Besucher, der nie eine Wallfahrt nach Palästina unternehmen könnte, ermöglichen, andächtig an der heiligen Stätte zu verweilen. Nun befand sich aber das Grab Josephs von Arimathia, in das dieser, wie uns die Evangelien erzählen, Jesu Leichnam legte, außerhalb der alten Stadtmauer von Jerusalem. Dementsprechend wurden auch in der deutschen Heimat die dem heiligen Grabe geweihten Bauten, und so auch unsere Jerusalems-Kapelle, vor den Toren der Stadt angelegt. —

Eine aus dem Jahre 1540 stammende Nachricht, von der gleich noch die Rede sein wird, spricht von einem mit der Jerusalems-Kapelle verbundenen Hospital. Ob dies Hospital gleichzeitig mit der Kapelle begründet worden oder später entstanden ist, läßt sich nicht sagen. Jedenfalls ragt das heute noch bestehende Jerusalems-Stift in sehr alte Zeit hinein. Freilich hat es nicht ohne Unterbrechung bestanden. Im 17. Jahrhundert oder vielleicht auch schon früher muß es, wie wir noch sehen werden, eingegangen sein. 1680 ist es neu gegründet worden. —

So ragen die Anfänge unserer Kirche in die Zeit katholischer Frömmigkeit hinein, in die Zeit der Wallfahrten und Ablässe. Eine Wallfahrt war der Anlaß zur Gründung unserer Kirche, und ein Ablaßbrief gibt von ihr die erste Kunde.

2.

Die Einführung des Luthertums in Berlin und in der Jerusalems-Kapelle (1539).

Die nächste Nachricht, die wir über unsere Kirche haben, stammt schon aus evangelischer Zeit, aus dem Jahre 1540. Sie ist aber so dürftig, daß es zu ihrem Verständnis nötig wird, an diesem Punkte den Rahmen unserer Darstellung zu erweitern und zunächst einiges von der Einführung der Reformation in Berlin zu erzählen.

Die Reformation ist in der Mark Brandenburg und damit in Berlin später eingeführt worden als in den andern deutschen Landen. Das lag allein an der reformationsfeindlichen Gesinnung des Kurfürsten Joachim I (1499—1535), nicht etwa daran, daß die Brandenburger und Berliner an der alten Kirche besonders zäh festgehalten hätten. Das Gegenteil war der Fall. Tetzel ist im Oktober 1517 in Berlin gewesen, hat hier aber nur ganz geringen Zulauf gehabt, ein Anzeichen für die Gleichgültigkeit der Berliner der katholischen Frömmigkeit gegenüber. Eine noch deutlichere Sprache redet die Tatsache, daß der Kurfürst am 11. Juni 1522 den Räten von Berlin und Kölln befehlen mußte, dafür Sorge zu tragen, daß die angesehenen Bürger ihre Töchter an der bevorstehenden Fronleichnams-Prozession teilnehmen ließen. Es blieb aber nicht bei dieser Gleichgültigkeit gegen die alte Kirche: mancher ward im Geheimen Luthers Anhänger. Man las seine Predigten und suchte auch wohl jenseits der Brandenburgischen Grenze lutherische Prediger auf. So nahm, wenn auch das Land und die Stadt zunächst noch katholisch blieb, die Zahl der Anhänger Luthers mehr und mehr zu. Am 11. Juli 1535 starb Joachim I., der übrigens am Schlusse seiner Regierung immer duldsamer geworden war. Ihm folgte sein Sohn Joachim II. (1535—1571). Dieser war durch seine evangelisch gesinnte Mutter Elisabeth, eine dänische Prinzessin, schon früh auf Luther hingewiesen worden und hatte im Jahre 1518 auch Gelegenheit gehabt, Luther kennen zu lernen. So galt er allgemein als Freund der evangelischen Sache, und man erwartete von ihm, daß er alsbald nach seinem Regierungsantritt die Reformation in seinem Lande einführen werde. Das geschah indessen nicht. Die ersten vier Jahre der Regierung Joachims II. zeigen ein unentschlossenes Hin- und Herschwanken. Mit seinem Herzen stand er auf Seiten der lutherischen Frömmigkeit, aber politische Gründe nötigten ihn, bei der alten Kirche zu bleiben. Auch fühlte er sich zu dem pomphaften katholischen Kultus mehr hingezogen als zu dem schlichten evangelischen Gottesdienst. Ihm schwebte das Ziel vor, unter Vermeidung der Kirchenspaltung die eine katholische Kirche mit den gesunden Grundgedanken der lutherischen Frömmigkeit zu durchdringen, und seine ersten Regierungsjahre waren mit dahingehenden Versuchen ausgefüllt. Von einem offenen Übertritt zur evangelischen Sache sah er darum ab. Immerhin aber hat in diesen vier Jahren die Ausbreitung der evangelischen Frömmigkeit in der Mark und in Berlin große Fortschritte gemacht. Schließlich konnte der Kurfürst dem Drängen seiner Untertanen, vor allem der Berliner, nach Einführung der Reformation nicht länger Widerstand leisten. Das an den Kurfürsten gerichtete Gesuch des Rates und der Bürgerschaft von Berlin, in dem diese ihrem Verlangen Ausdruck gaben, ist uns erhalten, ein ehrendes Denkmal des ernsten frommen Sinnes der damaligen Berliner Bevölkerung, die mit erstaunlich scharfem Blick den Kernpunkt in Luthers Frömmigkeit erkannte und sich aneignete: die Gewißheit von der Rechtfertigung aus dem Glauben. Im Sommer 1539 berief der Kurfürst einen Kreis von Theologen zur Ausarbeitung einer märkischen Kirchenordnung, die die nähere Art der kirchlichen Neugestaltung bestimmen sollte. Nach mancherlei Hin und Her — auch Melanchthon hat auf Einladung des Kurfürsten an der Beratung teilgenommen — einigte man sich dahin, daß man hinsichtlich der Lehre und der Abendmahlsfeier in allem wesentlichen Luther folgen wolle, daß aber die katholischen Zeremonien und die bischöfliche Verfassung beibehalten werden sollten. Der 1. November wurde als Tag zur Einführung der Reformation bestimmt. Der Kurfürst selbst machte den Anfang: er empfing — es ist noch immer strittig, ob in Spandau oder in Berlin — aus der Hand des Bischofs Matthias von Jagow das Abendmahl unter beiderlei Gestalt, d. h. Brot und Wein, und vollzog damit seinen Übertritt zur lutherischen Kirche. Die märkischen Gemeinden folgten ihm, als erste Berlin-Kölln. Am 2. November feierten die städtischen Behörden und Vertreter der Bürgerschaft in der Nicolai-Kirche das Abendmahl nach lutherischer Art. In den anderen Kirchen wird in ähnlicher Weise evangelischer Gottesdienst und evangelische Abendmahlsfeier gehalten worden sein. Berlin war evangelisch geworden.

So ist auch unsere Jerusalemskapelle evangelisch geworden. Ob das in feierlicher Art geschehen ist — wahrscheinlich war es nicht der Fall — und wie diese Feier etwa ausgesehen hat, das entzieht sich ganz unserer Kenntnis. Gern wüßten wir mehr darüber, aber wir müssen uns an der Tatsache genügen lassen, daß mit dem Ausgang des Jahres 1539, wie die anderen Kirchen und Kapellen Berlin-Köllns, so auch die Jerusalems-Kapelle dem Luthertum gewonnen ist. Die in Brandenburg und Berlin eingeführte kirchliche Reform, war, wie wir schon sahen, in allen Lehrfragen evangelischer Art, hielt aber in manchen äußeren Dingen an der katholischen Vergangenheit fest. Trotz dieser ihrer vermittelnden Art darf sie als lutherisch angesprochen werden. Jedenfalls hat Luther selbst so geurteilt. Buchholzer, der erste evangelische Propst an der Nicolaikirche und Mitarbeiter an der märkischen Kirchenordnung, hatte Bedenken gegen die Beibehaltung katholischer Bräuche, besonders dagegen, daß er als evangelischer Geistlicher noch Chorkappe und Chorrock tragen und Prozessionen halten solle, und hatte in diesem Sinne an Luther geschrieben. Da hat ihm Luther mit feinem Humor so geantwortet: „Wenn euch euer Herr, der Markgraf und Kurfürst, will lassen das Evangelium Jesu Christi lauter, klar und rein predigen — so gehet in Gottes Namen mit herum und traget ein silbern oder gülden Kreuz und Chorkappe und Chorrock von Samt, Seide oder Leinwand; und hat euer Herr, der Kurfürst, an einer Chorkappe oder Chorrock nicht genug, die ihr anziehet, so ziehet deren drei an, wie Aron der Hohepriester drei Röcke über einander zog. — Haben Ihro Kurf. Gnaden nicht an einem circuitu oder Prozession genug, da ihr umhergehet, singet und klinget, so gehet siebenmal mit herum, wie Josua mit den Kindern Israel um Jericho gingen; — und hat euer Herr, der Markgraf, ja Lust dazu, mögen Ihro Kurf. Gnaden vorher springen und tanzen mit Harfen, Pauken, Zimbeln und Schellen, wie David vor der Lade das tat, da die in die Stadt Jerusalem gebracht ward. Bin damit sehr wohl zufrieden, denn solche Stücke, wenn nur abusus*) davon bleibet, geben oder nehmen dem Evangelium

*) Mißbrauch.

gar nichts". Ein schönes Zeugnis echt evangelischer Weitherzigkeit, die, weil ihr das Große groß ist, auch das Kleine klein nennen kann. Solche Weitherzigkeit wollen wir uns in unserer evangelischen Kirche und in unserer Gemeinde erhalten. —

Mit der feierlichen Einführung der Reformation aber war es nicht getan. Es blieb noch eine sehr umfassende Arbeit übrig: Die rechtliche Seite des Kirchenwesens mußte neu geordnet werden. Es galt, den kirchlichen Besitz an Land, Gebäuden, Vermögen, Stiftungen aufzunehmen, die Gehälter der Geistlichen daraus zu bestreiten, frei werdendes Gut, z. B. Klöster mit ihrem Einkommen, zu anderen Zwecken, etwa zur Gründung von Schulen, zu verwenden und dergleichen. Mit dieser Aufgabe wurde eine Visitations-Kommission beauftragt, die in den Jahren 1540 bis 1542 in Berlin und in der Mark ihre Arbeit getan hat. Ihre Protokolle sind uns größtenteils erhalten und bilden eine Geschichtsquelle von unschätzbarem Wert. In einem solchen Visitations-Protokoll nun wird zuerst wieder der Jerusalems-Kapelle gedacht. In dem „Verzeichnis und Verordnung der Pfarren und geistlichen Lehen*) in S. Peters-Pfarrkirchen zu Cöln an der Spree" heißt es von der Jerusalems-Kapelle:

„Hospital der Capelle zu Hierusalem

Ist Churf. gnaden Patron. Haben die vorsteher jres gefallens ein prister gemiedet; hadt I kelch, I kreutz, vngefehrlich einen Spannen langk, haben die vorsteher zu sich genhomen. I ornatt ist noch in der kirchen oder capellen. Haben ein confirmation**) vbergeben, ist mit k verzeichnet.

Einkomen.

XV Groschen von einem stuck landes, leidt vor dem kopnickschen thor an den heidenbergk.

XV Groschen von noch einem stuck landes, leidt im semmelfelde.

II Gulden von einer Wisen hinter dem Diemgarthen gelegen.

XI schock hauptsumma hat Gregor Discher bei sich, hat etwas davon zu behuff der capellen ausgeben, wil er gute rechnung thun.

---

*) Stiftungen.

**) Bestätigung, Empfangsbestätigung.

Jerlich Außgabe.

II Gulden III Groschen

Item dem Kleuser*) ein rock von 6 elen vnd ein par schue vnd 1/2 schock zu hultz.

Item jerlich II Gulden vngeferlich in bawung zu halten.

1/2 Gulden zu zweien zeitten zum altar zu halten den prister, schulmeister etc."

Es ist ja nicht viel, was aus diesem kurzen Verzeichnis zu ersehen ist. Immerhin ist es wertvoll, weil es das erste und einzige Zeugnis von der Einführung der Reformation in unserer Kirche ist. Zugleich zeigt es aber, daß wir uns den Wechsel nicht als eine völlige Neuordnung denken dürfen. In allen äußeren Dingen — Ausstattung der Kapelle, Gewand des Priesters, Form des Kultus — ist es gewiß bei dem Alten geblieben. Nur die Predigt, die vorher überhaupt eine geringe Rolle gespielt haben wird und auch jetzt wohl nur hin und wieder gehalten wurde, ist eine andere geworden. Luthers Lehre stand von nun an in ihrem Mittelpunkt, die Lehre von der Rechtfertigung aus dem Glauben.

3.

Von der Einführung des Luthertums in der Mark (1539) bis zum Übertritt Johann Sigismunds zur reformierten Kirche (1613).

Für lange Zeit, für mehr denn ein Jahrhundert, fehlt uns jede Nachricht über unsere Kirche. So wissen wir nicht, wie sich diese Zeit reich bewegten Lebens in dem Ergehen unserer Kirche gespiegelt hat. Sie wird in der kirchlichen Geschichte dieses Zeitraumes schwerlich eine besondere Rolle gespielt haben. Sie war ja keine selbständige Kirche, und dementsprechend waren die an ihr wirkenden Männer auch keine überragenden Größen, die auf den Gang der Dinge entscheidenden Einfluß hätten gewinnen können. Gewiß haben die Zeitereignisse auf die an der Jerusalems-

*) Soviel wie Klausner, der Mann, dessen Obhut die Kapelle anvertraut war.

Kapelle tätigen Pastoren und die zu ihr sich haltenden Männer und Frauen eingewirkt, haben Jubel und Schmerz, Dank und Wehmut in ihnen geweckt, oft auch zu bitter-ernsten Gewissenskämpfen den Anlaß gegeben. Aber das alles entzieht sich der geschichtlichen Forschung.

Die Lücke, die hier in der Geschichte unserer Kirche klafft, muß wieder durch eine kurze Übersicht über die kirchliche Geschichte der Mark und Berlins ausgefüllt werden. Die Jahre nach 1539 bedeuteten für die Mark ein Erstarken des lutherischen Geistes. Die Überbleibsel aus der katholischen Vergangenheit — bischöfliche Verfassung und mannigfache Zeremonien — verschwanden nach und nach. Diese Entwicklung wurde unterbrochen durch das Augsburger Interim (1548), ein vom Kaiser im Einverständnis mit einigen wenigen protestantischen Fürsten, vor allem mit Joachim II, erlassenes Gesetz, das der religiösen Zerklüftung in Deutschland ein Ende machen sollte. Dies Interim gestand zwar einige Forderungen der Evangelischen zu, lief aber im wesentlichen auf eine Wiederherstellung des Katholizismus hinaus. Da Joachim II aus politischen Rücksichten diesen Einigungs-Versuch des Kaisers besonders eifrig unterstützte, so schien sein Land zunächst in Gefahr, wieder katholisch werden zu müssen. Aber das Gesetz wurde doch milde gehandhabt, und der Passauer Vertrag (1552) hob es gänzlich auf. Der Augsburger Religionsfriede (1555) erkannte dann die beiden Konfessionen als gleichberechtigt an. Der Protestantismus in Deutschland und so auch in der Mark war gesichert.

Es war der lutherische Glaube, den die Mark und Berlin mit ihrem Kurfürsten Joachim II angenommen hatten. Die andere Form evangelischer Frömmigkeit, die in der Schweiz ihren Ausgangspunkt hatte, und deren Väter Zwingli und Calvin waren, wurde schroff abgelehnt. Der Gegensatz zwischen Lutheranern und Reformierten war damals schärfer als der zwischen Lutheranern und Katholiken. Joachim II hat vor seinem Tode bekannt, daß er den Zwinglischen Irrtum von ganzem Herzen verdamme, und der Kanzler seines Nachfolgers Johann Georg (1571—1598) schrieb: „Gott erfülle uns mit Haß gegen den

Calvinismus". Die lebendige Herzensreligion Luthers war zum toten Dogma erstarrt. Da kündigte sich mit dem Regierungsantritt Joachim Friedrichs (1598—1608) eine Wendung an. Er war als Administrator des Erzstifts Magdeburg mit der in der Stadt Magdeburg herrschenden milderen Richtung des Luthertums in Berührung gekommen und hatte sich ihr angeschlossen. Eheliche Verbindungen von Gliedern seiner Familie mit reformierten Fürstenhäusern bestärkten ihn in dieser Richtung. So ließ er denn auch — eine Tatsache von großer Bedeutung für die Zukunft — seinen Sohn, den Kurprinzen Johann Sigismund, auf den zur reformierten Konfession hinneigenden Universitäten Straßburg und Heidelberg studieren. Den Übertritt zur reformierten Kirche, den man ihm nachsagte, hat er indes noch nicht vollzogen, wohl aber hat er mannigfache Bräuche katholischer Art abschaffen lassen.

Ihm folgte 1608 sein Sohn Johann Sigismund (1608—1619), der noch viel mehr als sein Vater die Starrheit und Unduldsamkeit der Lutheraner verabscheute und zur reformierten Lehre hinneigte. Diese Neigung zeigte sich sehr bald nach seinem Regierungsantritt darin, daß er die hohen Beamtenstellen und Pfarrstellen seiner Umgebung mit reformierten Männern besetzte. Im Dezember 1613 vollzog er dann den öffentlichen Übertritt zur reformierten Kirche, eine Tat, nicht, wie man wohl gesagt hat, politischen Erwägungen entsprungen, sondern aus eigenster religiöser Überzeugung erwachsen. Seinem Großvater Johann Georg hatte er einst geloben müssen, bei der lutherischen Kirche zu bleiben. Dennoch ist er zur reformierten Kirche übergetreten, weil, wie er sagte, in Gottes Sachen kein Revers gelte. Wir werden urteilen, daß er recht getan hat.

4.

Die Anbahnung der Union in Brandenburg und Preußen (Die Nachfolger Johann Sigismunds).

Der Schritt Johann Sigismunds hatte zunächst unheilvolle Folgen. Seine Untertanen waren in ihrer überwiegenden Mehrzahl Anhänger des reinen Luthertums und wollten es auch bleiben. Da sie nun fürchteten, ihre Religionsübung sei bedroht, so bemächtigte sich ihrer eine außerordentlich starke Erregung, und Ausschreitungen und Gewalttätigkeiten blieben nicht aus. Aber für die Folge ist doch Johann Sigismunds Tat von unsagbarem Segen gewesen, zunächst für sein Land, dann auch über dessen Grenzen hinaus für Deutschland überhaupt. Der Kurfürst konnte und wollte nicht daran denken, bei seinen Untertanen den Übertritt zum reformierten Bekenntnis zu erzwingen. In einem Edikt vom 24. Februar 1614, das von allen Kanzeln verlesen wurde, versprach er, daß keiner in seinem lutherischen Glauben gehindert werden solle. Freilich forderte er andererseits auch Duldung der Reformierten und gebot den Anhängern beider Konfessionen, jede gegenseitige Verketzerung und Schmähung zu unterlassen. Hier war der sonst damals geltende Grundsatz Cujus regio ejus religio, d. h. der Landesherr bestimmt die Religion seiner Untertanen, zum ersten Male durchbrochen und damit der Zwang der Gewissensfreiheit gewichen, ein bedeutsamer Fortschritt. Und noch ein anderes wurde für die Folgezeit wichtig. Lutheraner und Reformierte lebten hier in einem Lande, in einer Stadt bei einander und lernten sich so nach und nach gegenseitig kennen und verstehen: Von Johann Sigismunds Tat bis zur Union führt eine gerade Linie.

Duldung beider Konfessionen, der lutherischen und der reformierten, das war auch des Kurfürsten Georg Wilhelm (1619—1640) Grundsatz, der persönlich ein strenger Reformierter war. Vor allem aber hat der Große Kurfürst (1640—1688) neben seinen andern Verdiensten auch dies, daß er die beiden Konfessionen zu gegenseitiger Anerkennung angehalten und, wenn es nötig war, mit starker Hand gezwungen hat. Es ist bekannt, daß auch Paul Gerhardt († 1676), Diakon an der Nicolaikirche in Berlin, diese starke Hand hat fühlen müssen. 1664 erließ der Große Kurfürst eine Verordnung, in der er jede Schmähung der kirchlichen Gegner verbot und bestimmte, daß alle Brandenburgischen Pfarrer sich schriftlich verpflichten sollten, seinem Befehle zu gehorchen. Paul Gerhardt gegenüber sah der Kurfürst von dem Verlangen der schriftlichen Verpflichtung ab, in der Erwartung, daß er „sich auch ohne Revers den Edikten gemäß zu bezeigen" wissen werde. Der aber meinte, auch in dieser Form die Verpflichtung vor seinem Gewissen nicht verantworten zu können, und verzichtete auf sein Amt.

Des Großen Kurfürsten Nachfolger Friedrich III (1688—1713), als König (seit 1701) Friedrich I, und Friedrich Wilhelm I (1713—1740) gingen über die Forderung, daß die beiden Konfessionen sich gegenseitig achten und dulden sollten, noch hinaus. Sie ordneten bei einer Reihe neuerbauter Kirchen an, daß sie beiden Konfessionen als Stätte des Gottesdienstes dienen sollten, und taten so einen weiteren bedeutsamen Schritt auf dem Wege zu ihrer Vereinigung. Dies Verfahren der beiden Könige hat auch in die Geschichte unserer Jerusalemskirche eingegriffen, und darum muß etwas ausführlicher darauf eingegangen werden.

Als Johann Sigismund 1613 zur reformierten Kirche übertrat, schlossen sich ihm nur 55 Gemeindeglieder an. Sie hielten sich zur Domkirche, die von nun an reformiert war, die erste reformierte Kirche in Berlin. Aber die Zahl der Reformierten vergrößerte sich mehr und mehr, sodaß die Domkirche bald für sie nicht mehr genügte. Auch aus der Fremde wanderten — von den Franzosen, die ja eigene selbständige Kirchen erhielten, ganz abgesehen — viele Reformierte ein. Um dem Notstande abzuhelfen, wurde im Jahre 1703 die Parochialkirche als reformierte Kirche erbaut. Aber auch damit war den berechtigten Ansprüchen der Reformierten nicht Genüge getan. So griffen Friedrich I und Friedrich Wilhelm I zu dem Mittel, auch einen Teil der lutherischen Kirchen den Reformierten zugänglich zu machen. Sie wiesen die lutherischen Prediger und Kirchenvorsteher an, ihre Kirchen auch den Reformierten zum Gottesdienst zu überlassen. Simultankirchen, d. h. Kirchen, die den beiden Konfessionen zugleich dienten, wurden diese Kirchen genannt. Wohlgemerkt, es handelt sich noch nicht um eine Vereiniguug der in den einzelnen Kirchbezirken wohnenden Lutheraner und Reformierten. Beide benutzten zwar dasselbe Gotteshaus, bildeten aber im übrigen zwei getrennte Gemeinden, zwischen denen es auch gelegentlich Reibereien gegeben hat. Aber es versteht sich von selbst, daß diese räumliche Vereinigung der beiden Konfessionen sie auch dem Geiste nach einander nahe brachte. — Solch eine Simultankirche ist auch unsere Jerusalemskirche gewesen.

5.

Die Bildung der Jerusalems-Gemeinde als selbständiger Gemeinde (1697) und die Entstehung der Neuen Kirche (1708).

Es ist schon gesagt worden, daß wir von 1540 bis 1671 über unsere Kirche nichts hören. Von da ab freilich stehen uns so reichliche und ausführliche Nachrichten zur Verfügung, daß diese kurze Schrift nur einige wenige davon berücksichtigen kann. Wir müssen aber zunächst noch einen Augenblick bei der Zeit von 1540 bis 1670 stehen bleiben. In diesem Zeitraum ist die Jerusalems-Kapelle wie in der katholischen Zeit eine außerhalb des Stadtweichbildes gelegene Kapelle gewesen, die den Hospital-Insassen — soweit wir das Vorhandensein solcher annehmen dürfen*) — und anderen Besuchern zu gelegentlicher Andacht gedient hat, hin und wieder auch zu Trauerfeierlichkeiten benutzt worden ist; denn der Kirchplatz diente damals als Kirchhof. Ja, es scheint, als ob in diesem Zeitraum die Kapelle recht vernachlässigt worden ist. Johann von Martitz, von dem gleich noch die Rede sein wird, spricht einmal von dem wüstgestandenen Kirchlein Jerusalem; das bezieht sich auf die Zeit vor 1670. Und Küster fährt nach dem schon angeführten Satz: „Diese Kapelle war anfänglich sehr klein, und war in derselben das Grab Christi mit einigen Heiligen, aus Holz geschnitzt, zu sehen, welche Bilder nachher nebst dem Grabe weggenommen" so fort: „und es also eingerichtet worden, daß darinnen bisweilen Studiosi und Gymnasiasten sich im Predigen üben können, wie denn auch anno 1680 Christian Ransleben seine Probepredigt allhier abgeleget und darauf die Vokation zu der Kirche aufm Friedrichswerder erhalten". Diese Tatsache, daß unsere Kapelle in evangelischer Zeit zunächst einen Rückgang erfahren hat, ist schon verständlich

*) siehe unten.

Stille Andacht an erinnerungsgeweihter Stätte, beschauliche Verehrung heiliger Bilder liegt der katholischen Frömmigkeit mehr als der evangelischen. Evangelische Frömmigkeit wendet sich nicht so sehr an Gefühl und Empfindung als an das Denken. Träger der Gedanken aber ist das Wort, so steht das Wort, die Predigt im Mittelpunkt des evangelischen Gottesdienstes. Ohne das Bibelwort, ohne die Predigt kein rechter evangelischer Gottesdienst — so empfinden wir, und die ersten Evangelischen, die gegen eine Fülle sinnloser und abergläubischer Zeremonien der katholischen Vergangenheit zu kämpfen hatten und so gegen jede Frömmigkeitsübung, die des Wortes entbehrte, mißtrauisch geworden waren, durften und mußten noch viel stärker so empfinden. Nun aber wurde in der Jerusalems-Kapelle gewiß sehr selten gepredigt. Kein Wunder, daß sie bald verwaiste und vernachlässigt wurde.

Auch das Hospital, das offenbar in katholischer Zeit vorhanden war und im Visitations-Protokoll von 1540 erwähnt ist, scheint einen Rückgang erfahren zu haben; wahrscheinlich ist es ganz eingegangen. Die die Neugründung des Hospitals betreffenden Schriftstücke von 1671 und den folgenden Jahren, die sehr zahlreich und ausführlich sind, erwähnen von einem früheren Hospital nichts, sondern erwecken den Eindruck, daß es sich um eine erstmalige Gründung handelt. Damals wußte man offenbar nicht mehr, daß an der Stelle schon einmal ein Hospital gestanden hat. Möglicherweise sind die Wirren des dreißigjährigen Krieges, die gerade auch die Köllnische Vorstadt schädigten — als 1640 schwedische Truppen heranrückten, wurden die Häuser und Scheunen vor den Mauern von Kölln niedergebrannt, um die Befestigungswerke sturmfrei zu machen — daran schuld, daß das Hospital eingegangen ist, wie sie auch zur Verwaisung der Kapelle beigetragen haben mögen.

Wenn man sich nun seit 1671 um die vorher vernachlässigte Jerusalems-Kapelle wieder zu kümmern begann, und wenn dann bald diese Kirche der Mittelpunkt einer selbständigen Gemeinde wurde, so erklärt sich das daraus, daß damals die Umgebung der Kirche mehr und mehr bebaut wurde, und so hier das Vorhandensein einer Kirche ein Bedürfnis ward. Berlin hat in der zweiten Hälfte des 17. Jahrhunderts einen ungemein schnellen Aufschwung und eine rasche Zunahme seiner Bevölkerung erlebt, nachdem es in den Jahren des dreißigjährigen Krieges sehr schwer gelitten hatte. 1564 hat, wie man berechnen kann, die ganze Stadt etwa 14000 Einwohner gehabt, 1654 waren es nur etwa 10000. Diese haben sich noch unter dem Großen Kurfürsten auf etwa 20000 verdoppelt und sind unter seinem Nachfolger bis nahe an 60000 gewachsen, und zwar waren die neuen Städte: Friedrichswerder, Dorotheenstadt und Friedrichstadt, die in dieser Reihenfolge unter dem Großen Kurfürsten und seinem Nachfolger entstanden, an dieser Zunahme stark beteiligt. Die unter dem Großen Kurfürsten eingewanderten holländischen Kolonisten und vor allem die von ihm in seinem Land als in einer neuen Heimat aufgenommenen französischen Reformierten, die sich in den neuen Stadtteilen ansiedelten, machten einen großen Teil des Zuwachses aus; aber auch die deutsche Bevölkerung nahm rasch zu. Es versteht sich von selbst, daß die alten Kirchen Berlins und Köllns nicht mehr genügten. Eine Reihe neuer Kirchen wurden gebaut und mit ihnen auch die Jerusalems-Kapelle zu einer Kirche erweitert.

Den Anstoß zur Instandsetzung der Jerusalems-Kapelle und zur Gründung oder Neugründung des Hospitals hat der Magistrat von Friedrichswerder gegeben, zu dessen Bereich damals die Kapelle gehörte. Er hatte die Absicht, ein Hospital für die Armen zu bauen und wandte sich mit der Bitte um Unterstützung an den Kurfürsten. Dieser hat darauf dem Magistrat folgenden Bescheid erteilt: „Demnach*) Sr. Churfürstl. Durchlaucht zu Brandenburg, Unserm gnädigsten Herrn, Bürgermeister und Rath der hiesigen Residenz-Stadt unterthänigst zu vernehmen gegeben, wie daß sie ein Hospital zur Unterhaltung der Armen aufzubauen gesonnen, wann ihnen darzu einiger Zuschub zugewendet werden möchte: So haben höchstgedachte Se. Churfürstl. Durchlaucht zu Beförderung solches guten Vorhabens ihnen das kleine Kirchlein, Jerusalem genannt, nebst dem kleinem Häuslein, und mit aller

*) Nachdem.

Zubehör, zu Anrichtung eines Hospitals hiemit gnädigst schenken und verehren wollen. Uhrkundlich unter Sr. Churfürstl. Durchl. eigenhändigen Subskription und aufgedrucktem Gnaden-Siegel Signatum Cöln, den 28. Juni 1671. (L. S.) Friedrich Wilhelm". Damit kam also die Jerusalems-Kapelle unter städtisches Patronat; sie ist bis heute darunter geblieben.

Aus der Absicht des Magistrats ist aber damals trotz der Schenkung des Kurfürsten offenbar nichts geworden, vermutlich aus Mangel an Mitteln. Die Angelegenheit scheint geruht zu haben, bis der Kapelle im Jahre 1680 in dem Kurfürstlichen Rat Johann von Martitz ein hochherziger Gönner erstand. Er hat auf seine Kosten die Kapelle erneuern lassen, hat neben ihr ein Armenhaus für 8 Personen errichtet und dies mit reichlichen Mitteln ausgestattet und hat es, nachdem er zunächst selbst die Verwaltung geführt, in seinem Testament dem Magistrat von Friedrichswerder als eine immerwährende Stiftung übergeben. Von nun an fand in der Kapelle regelmäßig des Sonntags Gottesdienst statt; am Vormittag wurde eine Predigt, am Nachmittag ein Gebet gehalten. Eigene Pfarrer aber hatte das Kirchlein noch nicht. Vielmehr wurde es durch die Pfarrer von Friedrichswerder verwaltet, die die geistlichen Handlungen selbst vollzogen, die Predigten aber durch jüngere Theologen halten ließen.

1689 und 1693—1695 ist die Kirche erweitert worden. Die schnelle Folge der Erweiterungen gibt einen guten Maßstab für das rasche Anwachsen der Bevölkerung. Als nun 1697 die Zahl der deutschen Bürger, d. h. also der Familien, in der Friedrichstadt auf 500 angewachsen war, suchten sie beim Magistrat von Friedrichswerder um die Anstellung selbständiger Prediger nach. Ihrem Gesuch wurde auch stattgegeben, und sie erhielten mit Einverständnis des Kurfürsten eigene Pfarrer. Schon 1682 war auf Befehl des Kurfürsten das Simultaneum in der Jerusalems-Kirche eingeführt, d. h. sie wurde beiden Konfessionen, der lutherischen und der reformierten, zur Verfügung gestellt. Dementsprechend wurden nun auch 1697 Prediger beider Konfessionen berufen. Als lutherischer Prediger wurde der Prorektor des

Friedrichswerderschen Gymnasiums Berger bestellt, doch so „daß er sein Amt bei der Schule, einen Weg wie den andern, gebührend und fleißig versehen sollte". Als reformierter Prediger wurde der Subrektor an der gleichen Schule, Martin Werkmeister, berufen. Schon 1701 wurde die Anstellung eines zweiten lutherischen Predigers nötig. Joachim Lange, Rektor des Friedrichswerderschen Gymnasiums, erhielt das Amt, blieb aber daneben auch als Rektor tätig. 1704 wurde in Johann Warendorff auch ein zweiter reformierter Prediger berufen; auch er füllte das Conrektorat am Friedrichswerderschen Gymnasium, das er vorher innegehabt hatte, weiter aus. 1735 schließlich ist in Gottlieb Fuhrmann ein dritter lutherischer Prediger berufen worden.

So bildeten nun die deutschen Evangelischen der Friedrichstadt seit dem Jahre 1697 eine eigene Gemeinde, die Kirche war durch mehrfache Erweiterungen den Forderungen der Zeit angepaßt, und die berufenen Prediger vermochten wohl den Bedürfnissen zu genügen. Aber die Bevölkerungszunahme in der Friedrichstadt machte trotz alledem den Bau einer neuen zweiten Kirche wünschenswert. Schon 1696 sind die Bürger der Friedrichstadt mit einem dahingehenden Gesuch an den Kurfürsten herangetreten, und der Kurfürst hat ihren Wunsch freundlich aufgenommen und kräftig gefördert. Er bewilligte ihnen neben persönlicher Hilfe eine Kollekte und schenkte ihnen auf dem heutigen Gendarmenmarkt den Bauplatz für die geplante Kirche. Hier ist von 1700 bis 1708 im Sommer unter einem Bretterdach Gottesdienst gehalten worden, während man sich im Winter in bestimmten Privathäusern zu gleichem Zwecke versammelte. 1701 wurde zu der neuen Kirche, die bis heute die „Neue Kirche" geblieben ist, der Grundstein gelegt, und am 2. Ostertag 1708 konnte die Kirche eingeweiht werden. Die Neue Kirche war zunächst nur für die Reformierten bestimmt gewesen, sie ist dann aber wie die Jerusalemskirche eine Simultankirche geworden. Und zwar gehörten die beiden Friedrichstädtischen Kirchen, die Jerusalemskirche und die Neue Kirche, allen Lutheranern und allen Reformierten der Friedrichstadt gemeinsam. Sie bildeten, dem Geiste nach von einander geschieden und zwei Gemeinden mit getrennten Gottesdiensten darstellend, dem äußeren Besitz nach **eine** Gemeinde mit gemeinsamen Gotteshäusern und gemeinsamen Friedhöfen. So gehörten auch die Prediger beiden Kirchen zugleich an: Die an die Jerusalemskirche zuerst berufenen Prediger sind auch die ersten Prediger der Neuen Kirche gewesen. Dieser Zustand hat bis 1830 angedauert. Seitdem gibt es zwei räumlich von einander abgegrenzte Gemeinden mit besonderen Gotteshäusern: die Gemeinde der Jerusalemskirche und die der Neuen Kirche.

6.

Die Union (1817–1830).

Wir überspringen hier in unserer Darstellung ein Jahrhundert, um uns der Union zuzuwenden*). Johann Sigismunds Übertritt zur reformierten Kirche — so sahen wir — und seine, auch von seinen Nachfolgern eingeschlagene Politik, die beiden evangelischen Konfessionen zu gegenseitiger Duldung zu erziehen, haben die völlige Vereinigung der Lutheraner und der Reformierten vorbereitet. Friedrich Wilhelm III (1797—1840) hat die von seinen Vorfahren in Angriff genommene Aufgabe zu Ende geführt und im Jahre 1817, beim 300 jährigen Jubiläum der Reformation, die Union beider Konfessionen vollzogen. Die Zeitverhältnisse waren seinem Unternehmen günstig. Solange die Orthodoxie mit ihrem Wertlegen auf lehrhafte Ausprägung der christ-

*) Aus der Bau-Geschichte unserer Kirche mag dies erwähnt werden: 1725 wurde die alte Jerusalems-Kirche abgebrochen. Der Grundstein zu dem neuen Bau wurde am 27. November 1725 gelegt. Ein auf dieses Ereignis verfaßtes lateinisches Gedicht, in Distichen gehalten, steht in der Collectio opusculorum historiam marchicam illustrantium, Achtes und Neuntes Stück, Berlin 1730, S. 45—47. Die Baukosten wurden z. T. durch eine in ganz Preußen abgehaltene Kollekte aufgebracht. Es verdient mitgeteilt zu werden, daß damals auch ostpreußische Ortschaften (Gerdauen u. a.) zum Bau unserer Kirche beigesteuert haben. Am ersten Pfingsttag 1728 wurde die neue Kirche eingeweiht. Dieser Bau, der freilich im Laufe der Jahre mannigfache Änderungen erfahren hat, hat bis 1878 gestanden. Er ist damals niedergelegt, um der jetzt stehenden Kirche, die 1878/79 erbaut wurde, Platz zu machen.

lichen und der konfessionellen Wahrheiten die Gemüter beherrschte — während des 16. und 17. Jahrhunderts — scheiterten alle Annäherungsversuche der beiden Konfessionen an der Verschiedenheit der Lehrsätze, die beide Teile für ihren kostbarsten Besitz hielten und darum nicht preisgeben konnten. Dann aber wurde — seit dem Ausgang des 17. Jahrhunderts — die Herrschaft der Orthodoxie durch den Pietismus erschüttert. Nicht in scharf geformten Lehrsätzen sah man jetzt das Wichtigste, sondern in warmer Herzensfrömmigkeit und im rechten Handeln. Dann aber konnte man auch in Angehörigen anderer Konfessionen Gleichgesinnte finden. Auf den Pietismus folgte ein wenig später die Zeit der Aufklärung. In allem geschichtlich Gewordenen sah sie Zufälliges und Gleichgültiges, das durch Schöpfungen der Vernunft ersetzt werden müsse. So erschienen, der anzustrebenden Vernunftreligion gegenüber, auch die geschichtlich gewordenen Konfessionen mit ihren Unterschieden als nebensächlich. Im Anfang des 19. Jahrhunderts trat dann eine Neubelebung des christlichen Sinnes ein, und zwar in der Art, daß die biblische Frömmigkeit sich die Herzen gewann und sie hinaushob über konfessionelle Beschränkungen. Hier auf dem Boden der biblischen Frömmigkeit konnten sich die Angehörigen der verschiedenen Konfessionen, die Lutheraner und die Reformierten und selbst die Katholiken, die Hand reichen. Jedenfalls aber mußten den beiden evangelischen Konfessionen diesem gemeinsamen Besitz, der biblischen Frömmigkeit, gegenüber ihre früher betonten Unterschiede als unbedeutend erscheinen; sie begannen, sich als Glieder *einer* kirchlichen Gemeinschaft zu fühlen. Das Reformationsjubiläum von 1817 hat dann die auf eine Vereinigung der beiden evangelischen Konfessionen hinzielenden Bestrebungen kräftig gefördert, und in Preußen war es der König selbst, der den Anstoß gab. In einem am 27. September 1817 erlassenen Aufruf zur Jahrhundertfeier der Reformation forderte er seine evangelischen Untertanen zur Vereinigung der beiden, nur noch durch äußere Unterschiede getrennten, protestantischen Kirchen auf; es sollte nicht die reformierte zur lutherischen Kirche übergehen, noch umgekehrt, sondern beide sollten eine neubelebte evangelisch-christliche Kirche im Geiste ihres Stifters werden. Kennzeichen der Union sollte die Abendmahlsgemeinschaft sein. Zugleich erklärte der König, daß er am 31. Oktober zur Feier des Dreihundertjahrfestes der Reformation in der Garnisonkirche zu Potsdam mit ihrer lutherischen und ihrer reformierten Gemeinde, die sich zu einer evangelischen Gemeinde zusammenschließen würden, das Abendmahl feiern werde. Die Gedanken des Königs trafen zusammen mit denen der Berliner Pastoren. In einer am 1. Oktober unter Schleiermachers Vorsitz abgehaltenen Synode beschlossen sie, die Union zu vollziehen und dies durch gemeinsame Feier des Abendmahles zu würdigem Ausdruck zu bringen. Am 30. Oktober 1817 fand diese Abendmahlsfeier in der Nicolaikirche statt, in derselben Kirche, in der drei Jahrhunderte vorher Rat und Bürgerschaft von Berlin ihren Übertritt zur Reformation vollzogen hatten. 63 Berliner Pastoren, die theologische Fakultät, die Mitglieder des Konsistoriums, die Direktoren und Lehrer der Gymnasien, Magistrat, Stadtverordnete und Bezirksvorsteher nahmen daran teil. Einer der Teilnehmer an dieser Feier, D. Lisco, später Prediger an der St. Gertraud-Kirche, schreibt darüber: „Wer an dieser Abendmahlsfeier teilgenommen hat, wird einen tiefen und bleibenden Eindruck davon in seinem Gemüte bewahrt haben; vier Amtsbrüder administrierten zugleich am Altare und wechselten darin mit andern; die ganz gefüllte Kirche umschloß nur Abendmahlsgenossen; von der Wichtigkeit und Bedeutung der Feier trug jeder mehr als eine Ahnung, volles klares Bewußtsein in sich"*).

So war das schöne Werk der Vereinigung der beiden Konfessionen begonnen, und die folgenden Jahre haben es weitergeführt. Die Gemeinden billigten durchweg den Schritt ihrer Pastoren und folgten ihnen. Die Schranken, welche bisher die beiden Konfessionen von einander getrennt hatten, fielen mehr und mehr. Lutherische Gemeinden beriefen reformierte Prediger und reformierte Gemeinden lutherische Prediger, und die zu den

*) Lisco, Zur Kirchengeschichte Berlins. 1857, S. 211.

sogenannten Simultankirchen gehörenden zwei Gemeinden — die eine lutherischen, die andere reformierten Bekenntnisses — begannen sich zu einer unierten Gemeinde zu verschmelzen. Den Anfang damit machten in Berlin die beiden Gemeinden der Dreifaltigkeitskirche im Jahre 1822. Die Union der beiden zur Jerusalems- und Neuen Kirche gehörenden Gemeinden folgte erst einige Jahre später. Nicht als ob diese Gemeinden und ihre Prediger irgend welche Bedenken gegen die Vereinigung gehabt hätten! Ganz und gar nicht! Vielmehr waren es Fragen anderer Art, welche im Zusammenhang mit der Union gelöst werden sollten und die schon im Jahre 1823 begonnenen Verhandlungen über die Union überaus langwierig gemacht haben. Man wollte nämlich gleichzeitig mit der Union der beiden konfessionell getrennten Gemeinden die bisher vereinigten beiden Kirchen von einander lösen und nun zwei lokal geschiedene Gemeinden bilden mit besonderen Predigern und Kirchenbeamten: die Gemeinde der Jerusalemskirche und die Gemeinde der Neuen Kirche. Schließlich wurden die Verhandlungen im Jahre 1829 zu glücklichem Ende geführt. Die Prediger und das Kirchenvorstandskollegium benachrichtigten nun in einer vom 30. Oktober 1829 datierten kleinen Schrift von 15 Druckseiten die Mitglieder der beiden zur Jerusalems- und Neuen Kirche gehörenden Gemeinden von ihrem Vorhaben, entwarfen, als sich kein Widerspruch dagegen erhob, ein Unionsstatut und setzten, nachdem dieses vom Magistrat als Patron genehmigt und vom Konsistorium als Aufsichtsbehörde bestätigt worden war, den 25. Juni 1830, den 300jährigen Gedenktag der Augsburgischen Konfession, als den Tag fest, da in beiden Kirchen die Einführung der Union feierlich begangen werden sollte. Die wichtigsten Bestimmungen des Unionsstatutes lauten:

„§ 1. Der Konfessions-Unterschied der beiden zur Jerusalems- und Neuen Kirche gehörigen Gemeinden hört auf, und es bilden sich an ihrer Statt zwei evangelische Gemeinden, welche zwar durch eine Parochialgrenze von einander geschieden sind, aber sonst als zwei Schwestergemeinden betrachtet werden.

§ 2. Die Grenze zwischen beiden ist vorläufig durch die Krausenstraße gemacht, sodaß die südliche Seite derselben und alles darüber hinausliegende zur Parochie der Jerusalems- und der nördliche Teil derselben und alles darüberliegende zur Parochie der Neuen Kirche gehört.

§. 3. Zu einer jeden dieser Kirchen sind parochiepflichtig a) alle in der betreffenden Parochie wohnenden Mitglieder der bisher lutherischen Gemeinde; b) alle Reformierte innerhalb der im § 2 angegebenen Parochialgrenze, sofern sie sich nicht vor dem Jahre 1817 mit ausdrücklicher Erklärung zu einer anderen reformierten Gemeinde gehalten haben.

§ 4. Ungeteilt für beide Gemeinden bleibt der Kirchenvorstand, die Begräbnisplätze und das Kirchenvermögen.

§ 5. Von den vier*) vorhandenen Pastoren, welche einander an Rechten völlig gleich sind, nur daß in Fällen, wo eine Rangordnung stattfinden muß, das längere Dienstalter entscheidet, gehören forthin zwei, in der Person des Predigers Grunow und Deibel, zur Jerusalems- und zwei, in der Person des Predigers Marot und Hoßbach, zur Neuen Kirche.

§ 6. Der Frühpredigten wegen, die vorläufig beibehalten werden und abwechselnd in beide Kirchen fallen, wird ein fünfter Prediger angestellt, der beiden Kirchen angehört.

§ 9. Eine jede Kirche hat fortan ihre eigenen Kirchenbedienten"**).

Wie vorgesehen, fand die Feier der Union am 25. Juni 1830 in der Jerusalemskirche — und gleichzeitig in der Neuen Kirche — statt. Der Tag war ein kirchlicher Festtag für Berlin. Die

---

*) Die dritte lutherische Prediger-Stelle war einige Jahre vorher eingegangen.

**) Manche Bestimmung des Unionsstatutes ist heute nicht mehr gültig. Vor allem ist die in ihm beibehaltene Vermögensgemeinschaft beider Kirchen später aufgehoben worden. Der Auseinandersetzungs-Vertrag vom 25. Januar 1877 hat eine Teilung des gemeinschaftlichen Vermögens auf beide Gemeinden vorgenommen. Die 5 Kirchhöfe aber und die Frühpredigerstelle sind ihnen bis heute gemeinsam, und auch sonst sind die beiden Gemeinden durch enge freundschaftliche Bande mit einander verbunden.

Vossische Zeitung vom 26. Juni 1830 schrieb darüber: „Gestern verkündete schon am frühen Morgen Musik von den Höhen der Türme herab den Einwohnern der hiesigen Stadt den außerordentlichen Festtag, der auf allerhöchsten Befehl zur Feier des dritten Säkular-Festes der Übergabe der Augsburgschen Konfession angeordnet war. In allen Kirchen wurde vor- und nachmittags Gottesdienst gehalten". An diesem festlichen Tage also wurde die Union in der Jerusalemskirche feierlich verkündet. Seitdem gibt es eine unierte Jerusalems-Gemeinde.

7.

Ausblick in die Zukunft.

Die Geschichte der evangelischen Kirche und der Jerusalems-Gemeinde seit dem Jahre 1830 weist manches wichtige Ereignis auf, aber kein Ereignis, das an Bedeutung der Reformation und der Union auch nur von ferne gleich käme. Von den durch die Reformation und die Union ihr geschenkten Gütern lebt die evangelische Kirche; sie wird sie, wenn sie sich nicht selbst aufgeben will, auch in Zukunft treulich wahren müssen. Darum ist die Feier, die wir in diesem Jahre begehen, nicht nur dankbare Rückschau auf Vergangenes, sie ist zugleich ernste Besinnung auf Bleibendes. Die Reformation, Luthers Tat, erinnert uns daran, daß Frömmigkeit, evangelische Frömmigkeit, etwas ist, was der einzelne als ureigensten Besitz in sich tragen muß, nicht etwas Angelerntes und Nachgesprochenes, sondern Selbsterlebtes, Selbsterkämpftes. Und weil evangelische Frömmigkeit etwas ist, was der einzelne sich selbst errungen oder besser: selbst von Gott empfangen hat, so kann der evangelische Christ auch keine menschliche Autorität als Herrn seines Glaubens anerkennen. Er ist sich seines Glaubens auch einer Welt von Feinden gegenüber sicher: „Hier stehe ich. Ich kann nicht anders". Die Union dagegen läßt uns daran denken, daß mancherlei Gaben sind, aber ein Geist, daß mancherlei Kräfte sind, aber ein Gott, der da wirket alles in allem, und daß sich die, die — jeder in seiner Art — von Gott ergriffen sind, zusammenschließen sollen zu einer heiligen christlichen Kirche. So sehr evangelische Frömmigkeit etwas ist, was der einzelne in sich tragen muß als eigenen Besitz, so wenig darf er sich mit seiner Frömmigkeit vor andern verschließen, sonst stirbt sie ab. Die Union ruft uns zu: Die brüderliche Liebe unter einander sei herzlich. So weit Einigkeit herrscht in dem, was not tut, so weit schlinget das Band der Gemeinschaft, und laßt Verschiedenheit in Nebendingen nicht Ursache der Trennung oder gar der Feindschaft sein. In seiner Schrift „Von der Freiheit eines Christenmenschen" hat Luther die beiden in den Worten Reformation und Union beschlossenen Grundsätze evangelischen Christentums so zum Ausdruck gebracht: „Ein Christenmensch ist ein freier Herr über alle Dinge und niemand untertan" und „Ein Christenmensch ist ein dienstbarer Knecht aller Dinge und jedermann untertan". Möchte unsere evangelische Kirche und unsere Jerusalems-Gemeinde im Sinne dieser Worte Luthers die Jubelfeier der Reformation und der Union begehen. Dann wird die Feier gesegnet sein.

Druck von Gebrüder Grunert, Berlin SW.

Kolibri 360 GmbH
Ferdinand-Jühlke-Straße 7
99095 Erfurt, Deutschland
produktsicherheit@kolibri360.de